DE L'OPIUM INDIGÈNE

EXTRAIT DU PAVOT-ŒILLETTE,

DE L'IDENTITÉ DE SA MORPHINE

AVEC CELLE DE L'OPIUM EXOTIQUE

ET DE

QUELQUES SELS NOUVEAUX DE MORPHINE

Par M. DECHARME.

AMIENS

TYPOGRAPHIE DE E. YVERT, RUE DES TROIS-CAILLOUX, 58

—

1862

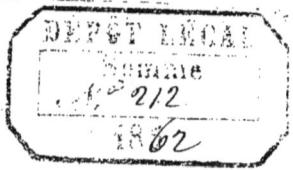

DE L'OPIUM INDIGÈNE

EXTRAIT DU PAVOT-ŒILLETTE,

DE L'IDENTITÉ DE SA MORPHINE

AVEC CELLE DE L'OPIUM EXOTIQUE

ET DE

QUELQUES SELS NOUVEAUX DE MORPHINE

Par M. DECHARME.

AMIENS

TYPOGRAPHIE DE E. YVERT, RUE DES TROIS-CAILLOUX, 58

1862

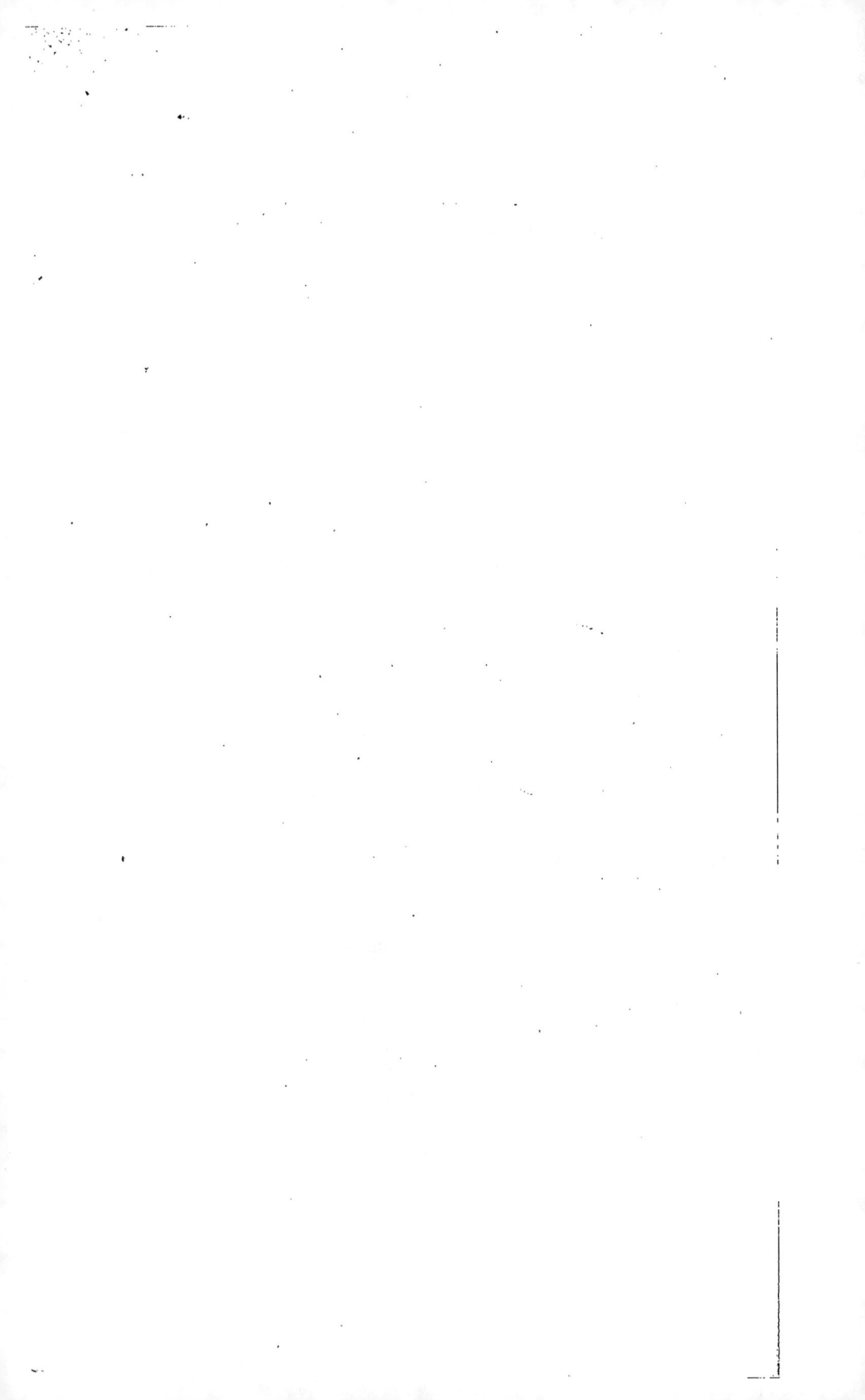

DE L'OPIUM INDIGÈNE

EXTRAIT DU PAVOT—OEILLETTE,

DE L'IDENTITÉ DE SA MORPHINE

AVEC CELLE DE L'OPIUM EXOTIQUE

ET DE

QUELQUES SELS NOUVEAUX DE MORPHINE

Par M. Decharme.

———————

Messieurs,

Permettez-moi de rappeler à votre souvenir, comme témoignage de ma reconnaissance, l'accueil flatteur que mon premier travail sur *l'Opium indigène* a reçu de vous en 1854. C'est à cet encouragement que j'ai dû le sujet d'une de mes thèses pour le doctorat ès-sciences physiques ; car, après m'être occupé du côté pratique et utile de la question, j'ai envisagé le sujet au point de vue scientifique. et j'y ai trouvé ample matière à des recherches intéressantes.

Les diverses lectures que j'ai eu l'honneur de faire à l'Académie, n'ont porté que sur quelques points de mon long travail ; je dirai même que la partie la plus nouvelle, la plus scientifique, n'a reçu d'autre publicité que celle de ma thèse (tirée à un petit nombre d'exemplaires). J'ai pensé qu'après ces communications isolées, dont aucune n'a été livrée à l'impression, car je devais conserver à cette thèse le mérite de la nouveauté, j'ai

1

pensé, dis-je, que le moment était venu de donner ici un résumé de mes recherches sur l'opium et la morphine.

Les principaux résultats de mon premier mémoire ont été sanctionnés par une expérience de cinq années ; plusieurs ont reçu, dans la pratique, quelques modifications qui ne changent rien, néanmoins, aux conclusions primitives, à savoir : que l'opium peut être extrait avantageusement du pavot-œillette cultivé dans le Nord de la France, la teneur de ce suc en morphine étant bien supérieure à celle de l'opium exotique qui nous arrive à grands frais du Levant. Il restait à savoir si la morphine provenant de l'affium indigène avait les mêmes propriétés physiques, chimiques, physiologiques que celle qu'on retire du produit étranger ; en un mot, si les alcaloïdes de ces deux provenances étaient identiques. C'est ce que je me suis proposé principalement de rechercher dans cette thèse.

Lorsque M. Pasteur nous montre l'acide tartrique droit et l'acide tartrique gauche, tous deux issus d'une même plante, tous deux identiques sous le rapport chimique, ayant tous deux les mêmes propriétés physiques et organoleptiques, présentant d'un autre côté des différences si tranchées, des effets si opposés sous le rapport des formes cristallines et du pouvoir rotatoire, c'est à dire de l'action sur la lumière polarisée, nous ne devons admettre qu'avec une grande circonspection l'identité de deux substances de même origine (1); lorsque

(1) On peut en dire autant des acides camphorique, malique, aspartique, tartramique et de leurs sels, ainsi que de la tartramide, de la malamide etc. L'acide lactique provenant du sucre et l'acide lactique extrait des chairs musculaires sont regardés jusqu'ici identiques dans toutes leurs propriétés, et ne révèlent de différence que dans les séries de sels qu'ils forment parallèlement.

nous voyons nombre d'animaux et de plantes devoir
au climat seul l'innocuité ou la toxicité de leurs venins
ou de leurs sucs, il ne doit donc pas paraître oiseux de
rechercher si un produit de l'importance de la morphine
a réellement les propriétés physiques, chimiques,
hypnotiques, calmantes, toxiques, etc., dans l'opium
étranger et dans l'opium indigène. La nécessité de cette
vérification ressortira mieux encore si l'on remarque
qu'il s'agit ici de pavots de variétés différentes : l'un
gros, l'autre petit ; le premier à graines jaunes blan-
châtres, le second à graines noires ; celui-là exploité
dans des contrées lointaines, sous les latitudes brûlantes
dn l'Inde, de la Perse, de l'Egypte, et celui-ci cultivé
dans le Nord de la France.

J'ai donc cru faire une chose utile à la science en me
livrant à une étude comparative de ces morphines par
tous les moyens dont j'ai pu disposer.

Animé du seul désir d'arriver à la vérité, j'ai cherché
la vérification et non la preuve d'une idée préconçue.
J'ai établi à cet effet deux séries parallèles d'expériences
propres à mettre en évidence (autant qu'il m'a été possible de le faire) les analogies et les dissemblances des
deux substances. Comme il était également intéressant
pour ma thèse de constater des différences tranchées ou
de rencontrer partout une identité complète, j'ai opéré
sans autre préoccupation que celle de réaliser de mon
mieux mes expériences géminées.

J'ai poursuivi la vérification de l'identité des morphines, non-seulement sur les réactions et combinaisons
connues de l'alcaloïde, mais encore sur plusieurs de ses
composés ou dérivés nouveaux.

Avant de traiter la question da la morphine indigène,
je me suis d'abord occupé de la matière première, de

l'opium-œillette dont elle est le principe immédiat le plus important.

Quant aux résultats nouveaux que j'ai été assez heureux de rencontrer dans cette étude, ils portent principalement sur les caractères et la composition de l'opium-œillette, sur les formes cristallines de la morphine, sa sublimation sous l'influence de la chaleur, ses transformations en présence des corps oxygénants et notamment sur ses sels.

Je n'ai pas cru inutile de relater quelquefois les résultats négatifs d'expériences, aussi bien que les faits positifs et probants.

Dans ce travail, j'ai été soutenu par cette pensée que l'édifice de la science s'est élevé par des monographies, qu'il continue à grandir par elles, et que toute pierre peut y trouver sa place. J'ai donc mis tous mes soins à rendre cette étude aussi utile et aussi complète qu'il était possible, dans les limites des ressources que j'avais à ma disposition, en empruntant à la chimie, à la physique et à la mécanique moléculaire leurs procédés les plus délicats d'observation.

Mon travail se divise naturellement en deux parties : la première traite de l'opium indigène extrait du pavot-œillette, de ses caractères de ses diverses propriétés, de sa composition et de ses effets physiologiques ; la seconde, essentiellement théorique, a pour objet la morphine tirée de cet opium , la constatation de son identité avec avec la morphine d'opium exotique , la découverte de plusieurs sels et dérivés de la morphine.

Première partie. — DE L'OPIUM DU PAVOT-ŒILLETTE.

Dans ce résumé, je ne m'arrêterai pas à l'historique de la question, ni aux expériences sur l'extraction de l'opium d'œillette faites à Amiens, ou aux environs, de 1854 à 1859 (en 1859 j'ai fait extraire 2 kilog. d'opium), ni à l'exposé détaillé des caractères et de la composition de cet opium, ni aux procédés de dosage de la morphine auxquels j'ai apporté quelques modifications ; je rapporterai seulement les propriétés comparatives de l'opium indigène et de l'opium exotique dont les unes sont communes aux deux sucs, telles que l'odeur vireuse, la saveur amère, âcre et persistante, le ramollissement sous l'influence de la chaleur ou de l'humidité, l'inflammabilité, etc., et dont les autres diffèrent plus ou moins; ainsi l'opium-œillette est plus noir que l'opium exotique. Dans le premier la pâte est homogène, la cassure franche (opium-œillette sec), tandis qu'elle est fibreuse dans le second. L'un ne donne que 2 % de résidu à l'incinération l'autre en laisse 3, 6 ; l'opium-œillette contient de 12 à 26 % de morphine, tandis que l'opium exotique n'en renferme que de 2 à·10 %. La moyenne de l'un étant 16 environ, et celle de l'autre 7 à 8 % quand il n'est pas falsifié.

L'opium-œillette que j'ai analysé ne renfermait ni narcotine, ni thébaïne, ni narcéïne (en quantité appréciable) et contenait les principes suivants :

Morphine . . . . 17,600 p. %
Codéïne. 0,550
Acide méconique . . . . 2,500 (1).
— sulfurique 0,470
— phosphorique 0,662

(1) Dans un autre échantillon, j'ai trouvé 4,33 pour cent d'acide méconique et 0,458 de codéïne.

Caoutchouc 1,000
Matière résineuse (espèce de gutta) . . 8,200 (2).
Chaux de fer 0,448
Eau. 3,700
Résidu ligneux 22,000
Porphyroxine.
Glucose (3 à 4 pour cent).
Gomme.
Matières albuminoïdes (abondantes).
    — huileuses (environ 2 pour cent).
    — colorantes.   42,870
    — odorantes.
Principe vireux volatil.
Extrait amer.
Pertes.

                                100,000

J'ai cherché, par des expériences directes, à déterminer l'action dissolvante de l'eau de l'alcool et de
l'éther sur l'opium-œillette, et j'ai trouvé que 100 parties
d'opium traitées par ces liquides donnaient les résidus
suivants :

                                    Résidu pour cent.
Opium traité par l'eau froide 23,00
        — l'eau chaude . . . 24,00
        — l'alcool à 0,71 . . . 25,66
        —   — 0,92 . . . 39,42 à 43,10
        — l'éther 17,50
        — l'alcool et l'eau (succes-
               sivement). . . . 18,66
        — l'eau et l'alcool . . . 13,50
        — l'alcool, l'eau et l'éther. 11,53

(2) Un opium de récolte tardive contenait 12,08 pour cent de cette
matière.

Après avoir déterminé la nature et les proportions des principes les plus importants de l'opium-œillette , il restait à savoir quelles étaient les causes qui influent sur les variations de composition de ce suc.

Il résulte des observations que j'ai pu faire, que ces causes se trouvent, d'une part, dans la nature et l'état du sol, dans la culture de la plante, dans la douceur ou l'inclémence des saisons, en un mot, dans l'état plus ou moins prospère de la plante ; et, de l'autre, dans l'époque plus ou moins favorable de la récolte de l'opium, dans le mode d'extraction et de conservation du suc.

Parmi toutes les causes de variation, particulières à la morphine dans l'opium-œillette, celle qui est prépondérante tient, selon nous , à la bonne ou mauvaise végétation de la plante, toutes choses égales, d'ailleurs. Plus on fournira d'engrais azoté au sol, plus le suc opiacé sera riche en morphine.

— Relativement à l'application pratique , il était une vérification importante à faire, celle de savoir si l'opium du pavot-œillette de nos pays, si la morphine extraite de cet affium, avaient les mêmes propriétés hypnotiques, calmantes ou toxiques que l'opium et la morphine exotiques.

Les expériences faites à ce sujet à Amiens, par plusieurs professeurs de l'Ecole de médecine, MM. Padieu, Alexandre, Follet et Bénard, sans avoir été aussi nombreuses que je l'aurais désiré, sans donner le rapport exact ou la différence des effets obtenus en thérapeutique par les produits indigènes et les produits exotiques correspondants, sont néanmoins suffisantes pour qu'on puisse affirmer que la vertu des premiers n'est pas inférieure à celle des derniers, eu égard à la teneur en morphine.

D'ailleurs, il est difficile, pour ne pas dire impossible,

de comparer les effets de l'opium dans des conditions physiologiques tout-à-fait identiques, et par conséquent de les mesurer, même approximativement.

—Aux effets physiologiques de l'opium se rattache cette question délicate : Dans la combustion de l'opium, une partie de la morphine reste-t-elle indécomposée et doit-on attribuer à cet alcaloïde volatilisé ou entraîné d'une manière quelconque, libre ou combiné, les phénomènes observés sur les personnes qui fument l'opium ?

Jusqu'alors on avait soutenu que dans cette circonstance la morphine était complètement détruite et que les effets précités étaient dus à la formation de divers gaz, tels que l'oxyde de carbone, le cyanhydrate d'ammoniaque, etc.

Après m'être assuré, par l'étude des propriétés de ces gaz, que leur action sur l'économie animale ne présente pas les caractères des narcotiques ; après avoir comparé les effets de l'opium fumé à ceux de l'opium pris en nature et vérifié leur complète analogie , j'ai eu recours à l'expérience directe , pour constater d'une manière incontestable la présence de la morphine dans les produits gazeux de la combustion soit de l'opium indigène ou de l'opium exotique, soit de l'alcaloïde seul, de l'une ou de l'autre provenance Voici comment j'ai opéré :

Description de l'appareil.—L'appareil se compose (fig. 1) d'une grosse pipe en terre et de trois flacons placés à la suite l'un de l'autre et communiquant successivement à l'aide de tubes en verre unis par des tubes de caoutchouc.

Le premier flacon, flacon laveur, contient de l'eau distillée ou acidulée, ou additionnée de sous-acétate de plomb ; le second est vide ou contient de l'alcool ou autre liquide. Dans quelques expériences, il a été remplacé par un ballon vide ou par une série de petits flacons (fig. 2), contenant les réactifs de la morphine. A chaque flacon (fig. 1) sont adaptés deux tubes : l'un, le plus rapproché de la pipe, plonge au fond du vase ; l'autre prend naissance à la partie supérieure. Toutefois, le tube de communicaion entre le second et le troisième flacon se termine sous le bouchon de celui-ci. Ce dernier vase, à la fois condenseur et aspirateur, de la capacité de 4 litres, est rempli d'eau. A sa tubulure inférieure s'adapte un tube en caoutchouc (ou un robinet) destiné à gouverner l'écoulement du liquide de ce flacon. Enfin l'eau de ce dernier est recueillie dans une grande terrine d'où on la verse dans le flacon lorsqu'elle s'est écoulée.

Pratique de l'expérience. — Après s'être assuré que l'appareil garde le vide, après avoir garni le fond de la pipe de fragments de verre grossièrement pilé (pour s'opposer à l'engorgement de la pipe) et mis par-dessus 5 à 6 décigrammes d'opium divisé, on place sous la pipe une lampe à alcool. L'opium se ramollit bientôt et laisse dégager des gaz.

En ce moment, si l'on ouvre le tube (ou le robinet) de l'aspirateur, l'eau s'écoule, fait un vide dans le grand flacon, les gaz soutirés se précipitent dans le condenseur sous forme de colonne blanche.

Pour opérer une aspiration intermittente, afin de se placer dans les conditions où l'on fume l'opium, on pince et on laisse ouvert alternativement le tube en caoutchouc, ou bien on ferme et on ouvre le robinet durant une ou deux secondes ; d'ailleurs, la condensation des vapeurs dans le flacon fait un vide qui sert d'appel aux gaz pendant quelques secondes.

Il est bon de remarquer que ces gaz, avant d'arriver au troisième flacon, ont parcouru un trajet de plus de 60 centimètres à partir du lieu de la combustion.

Quand l'opium est suffisamment chaud et qu'on voit d'abondantes fumées blanches s'échapper de la pipe, si l'on approche la flamme de la lampe, on met le feu au gaz et la combustion marche alors vivement sans dégager beaucoup de fumées, qui, de blanches qu'elles étaient auparavant , deviennent noires. On provoque cette combustion pour se placer dans la condition où l'on fume l'opium. Mais si l'on veut , au contraire , recueillir beaucoup de gaz, on évitera cette inflammation en ménageant la température et tenant suffisamment éloignée de l'opium la flamme de la lampe.

Avant de remplir l'aspirateur, on a soin d'agiter l'eau qu'on a laissée au fond du vase, afin de condenser encore une nouvelle partie des gaz restants et qui s'échapperaient lors du remplissage du vase.

Quand on a brûlé une certaine quantité d'opium et vidé aux trois quarts le flacon dont nous parlons, il est avantageux d'abandonner l'appareil au repos durant un quart-d'heure pour donner au gaz le temps de se condenser sur les parois du vase et au contact de l'eau. D'ailleurs, il est nécessaire pendant ce temps de nettoyer la pipe dont le tuyau s'engorge parfois, bien qu'on ait soin de la tenir inclinée du côté ou s'opère la combustion.

Telle est la marche ordinaire de l'opération. Je ne puis relater ici le détail des nombreuses expériences que j'ai faites ; je me contenterai de citer l'une d'elles et d'indiquer ensuite le mode général de traitement des produits gazeux ou condensés.

Dans cette expérience, le premier flacon renfermait de l'eau distillée pour laver les gaz, le second était vide et entouré d'un réfrigérant, le troisième plein d'eau ordinaire.

Après la combustion de 4 grammes d'opium, l'appareil

a été démonté, et j'ai constaté d'abord que tous les produits étaient alcalins. Les gaz avaient une odeur empy-
reumatique ; celle qu'exhalait l'eau du premier flacon
était très forte et désagréable ; ce liquide était jaunâtre,
et l'on voyait à sa surface ou attachée aux parois du
vase une matière grise de même couleur que celle qui
tapissait le fond du deuxième flacon, et pareille aussi à
celle qui flottait en abondance sur l'eau du grand flacon
aspirateur.

Cette matière a d'abord fixé mon attention. J'ai constaté qu'elle avait les propriétés suivantes : elle devient
noire à l'air comme le suc opiacé, mais elle n'a qu'une
très faible odeur ; sa saveur est presque nulle. Cette
substance est onctueuse, s'attache fortement aux doigts;
elle ne tache pas le papier à la façon des corps gras ;
elle se rapproche plutôt de la nature du goudron. Fort
peu soluble dans l'eau, elle est au contraire très soluble
dans l'alcool et dans l'éther ; ses dissolutions sont d'une
couleur brune très foncée. Les acides la dissolvent en
partie et se colorent fortement ; l'autre partie reste
liquide et surnageante comme une couche huileuse.

Une petite quantité de cette matière brûlée sur une
lame de platine a laissé pour résidu une pellicule blanche
qui, traitée par quelques gouttes d'acide chlorhydrique
étendu, puis par l'oxalate d'ammoniaque, a décélé la
présence de la *chaux* par un trouble très sensible au bout
de dix minutes et par un précipité blanc après deux
heures de repos, précipité entièrement soluble dans un
excès d'acide.

Lorsqu'on met cette substance en présence des réactifs
de la morphine, elle ne donne que des résultats *très
équivoques* et à la vue desquels on n'oserait se prononcer

pour la présence de l'alcaloïde principal de l'opium. J'ai donc dû chercher à éliminer préalablement les matières colorantes, huileuses, goudronneuses etc., qui masquent toujours les réactions. Pour se convaincre de la nécessité de cette opération , il suffit de faire , comme je l'ai répété moi-même plusieurs fois, une contre-épreuve, en mélant à la substance provenant de la condensation du gaz de la combustion, quelques parcelles de morphine ou de l'un de ses sels , ou quelques gouttes de leurs dissolutions, et l'on remarquera qu'alors les réactions ne seront pas plus nettes que les précédentes.

Je ne décrirai pas les différents essais que j'ai tentés pour arriver à la solution complète du problème que je m'étais posé. Je ne veux que donner, en résumé, le procédé qui m'a le mieux réussi. Voici la série des manipulations à effectuer sur les produits solides provenant de la condensation des fumées d'opium ou de celles de morphine : dissolution par l'alcool du dépôt solide ; addition de sous-acétate de plomb, filtration, passage d'un courant de gaz sulfhydrique dans la liqueur, filtration, contact de plusieurs heures avec le charbon animal, nouvelle filtration, réduction à siccité au bain-marie (ou mieux, pour éviter toute coloration, dans le vide en présence de l'acide sulfurique) , reprise du résidu par l'alcool, et concentration par le même moyen. Le résidu est alors apte à produire les effets de coloration caractéristique de la morphine en présence des réactifs précités.

On traite de même les liquides traversés par les fumées.

Il résulte de ces expériences que : dans la combustion, soit de l'opium, soit de la morphine seule, cette base se volatise partiellement, lorsqu'une autre partie brûle et se décompose.

Les chimistes regardent les bases organiques solides comme fixes, excepté la cinchonine qui se volatilise à une température peu élevée. Désormais, la morphine fera une seconde exception à cette loi.

Le traitement par l'eau acidulée d'acide sulfurique, puis par le marbre en poudre m'a donné aussi de bons résultats.

Les réactifs que j'ai employés sont l'acide iodique additionné d'amidon, l'acide azotique et le perchlorure de fer. Quoique les deux premiers ne soient pas exclusifs, les trois réunis constituent un ensemble de caractères d'après lesquels on peut décider sûrement. On peut y joindre la réaction signalée il y a quelque temps par M. Lefort (l'acide iodique additionné d'ammoniaque) qui est d'un haut degré de sensibilité.

Je ne puis passer sous silence l'expérience qui résout par l'affirmative, d'une manière aussi simple que rapide, la question présente ; c'est celle dans laquelle j'ai disposé, sur le parcours des produits gazeux (en quelque sorte à l'état naissant), plusieurs flacons renfermant les réactifs précités.

L'opium brûlait à peine depuis une demi-minute, que la coloration bleu clair s'est montrée dans le deuxième flacon. Au bout d'une minute, l'acide azotique a jauni. Le sel de fer, mis en petite quantité, a commencé à verdir un peu plus tard. A la fin de la combustion de quelques décigrammes d'opium, quelques points bleus (toutefois un peu douteux) se montraient de plus en plus foncés autour du tube du flacon renfermant la liqueur ferrique ; l'acide azotique avait alors la couleur jaune orangé qu'il prend quand il est en excès avec la morphine ; en employant peu d'acide, on obtient une couleur rouge brique persistante. La magma d'amidon dans l'acide iodique était d'un bleu d'indigo qui a persisté durant plus de 24 heures.

Dans l'expérience correspondante faite sur la combustion de la morphine seule les résultats ont été plus nets encore qu'avec l'opium, relativement à l'acide azotique et surtout au sel de fer. Avec ce dernier, la réaction a demandé un certain temps.

Enfin, j'ajouterai qu'une dernière expérience de combustion, tant d'opium que de morphine, m'a donné pour résultat un sulfate de morphine en cristaux assez purs. Ce sel a été dissous dans l'eau distillée et j'en ai séparé au moyen de l'ammoniaque, *la morphine en nature.*

De l'ensemble de mes expériences, dont je n'ai pu donner ici qu'un aperçu, je crois pouvoir conclure que *dans la combustion, soit de l'opium indigène ou exotique, soit de la morphine seule provenant de l'un ou de l'autre suc, cette base se volatilise partiellement, lorsqu'une autre portion brûle et se décompose* et que c'est à la morphine (peut-être à la morphine seule) qu'on doit attribuer les effets de l'opium fumé.

Enfin, il est une autre conséquence très importante à déduire des observations et des expériences précédentes : on sait que plusieurs plantes renfermant des principes vireux sont usitées en thérapeutique sous forme de fumigations, telle que le pavot, le coquelicot, la grande éclaire, de la famille des papavéracées, la pomme épineuse, la belladone, la jusquiame, etc. Il est probable, d'après ce qui vient d'être dit, que leurs principes narcotiques ou âcres se subliment en partie, sans subir de décomposition, avant d'arriver aux organes qui les absorbent, et en assez grande quantité pour produire les effets physiologiques de ces principes eux-mêmes administrés en nature. C'est d'ailleurs la seule manière rationnelle de justifier l'emploi de ces plantes en matière médicale.

Deuxième partie. — MORPHINE ET SES COMPOSÉS NOUVEAUX.

Le but principal que je me suis proposé, dans cette seconde partie de mon travail, était de vérifier, par tous les moyens que la science a aujourd'hui en son pouvoir, l'identité des morphines indigène et exotique. Je vais d'abord prouver l'utilité de cette recherche, puis j'indiquerai la marche suivie dans cette étude délicate et purement théorique.

Chaque science envisage les corps à un point de vue qui lui est propre. Celle-ci les dépouille de toutes leurs propriétés matérielles pour ne considérer que leur forme abstraite ; celle-là, au contraire, s'attache surtout à leurs qualités physiques ; une autre tient compte à la fois de leur figure, de leurs propriétés matérielles et de leur structure intime ; telle en recherche la composition élémentaire, telle autre a pour base les sciences auxquelles il vient d'être fait allusion ; enfin, il en est une qui étudie les effets des corps sur l'organisation animale ou végétale. Aussi, la constatation de l'identité de deux substances varie-t-elle selon qu'on se place au point de vue de la géométrie, de la physique, de la cristallographie, de la chimie, de la minéralogie ou de la physiologie. De plus, elle est nécessairement relative à l'état actuel des sciences. En effet, grâce à la liaison intime

des diverses branches de connaissances, grâce à cette
solidarité féconde qui fait à la fois leur force et leur
gloire, on voit de jour en jour se multiplier les moyens
d'investigation, s'étendre le champ des recherches. Les
progrès accomplis dévoilent des rapports, font ressortir
des différences qui avaient échappé aux premiers observateurs. Le degré de perfection des instruments, le mode
de préparation, de purification et de combinaison des
substances composées viennent sans cesse accroître les
moyens de mesurer avec plus d'exactitude, d'observer
avec plus de délicatesse et de pénétrer en quelque sorte
plus avant dans la structure intime des corps.

La mécanique moléculaire a révélé des faits nouveaux,
inattendus, qui établissent des différences essentielles
entre des corps regardés naguère comme identiques (1).
Il est possible que par suite du progrès des sciences et
de cette liaison dont je viens de parler, on découvre des
caractères distinctifs dans des substances réputées ac-
tuellement identiques.

Ce n'est donc qu'avec la plus grande réserve que l'on
doit se prononcer sur l'identité de deux corps de même
origine et qui paraissent semblables sous divers points
de vue.

Pour l'établissement d'une industrie relative à l'extraction de l'opium en France, il suffirait de s'assurer
de l'identité d'action des deux morphines exotique et
indigène, ou seulement des opiums qui la donnent, en

_____

(1) L'identité de deux produits de même composition, dit **M. Pasteur**
(Annales de chimie et de physique (3), t. xxxiv, p· 45), ne pourra désormais être acquise à la science qu'après une étude attentive et de la
forme cristalline et du pouvoir rotatoire.

les administrant comparativement sur des sujets pris dans des conditions physiologiques aussi semblables qu'il est possible. Mais au point de vue de la science, en général, cette vérification est insuffisante, deux substances pouvant avoir en effet les mêmes propriétés physiologiques et différer sous le rapport physique, chimique, géométrique ou cristallographique.

Rien ne prouvait donc jusqu'ici d'une manière certaine que la morphine extraite du pavot-œillette fût identique à la morphine tirée du pavot blanc exotique. Les expériences cliniques faites par M. Aubergier pour constater l'efficacité des opiums indigènes n'ont porté que sur les matières premières et au seul point de vue physiologique, et non sur l'alcaloïde que j'ai étudié. Le sujet que j'aborde est donc neuf au point de vue scientifique.

— La première question que j'ai dû me poser, avant de procéder à mes recherches sur l'identité des morphines, a été celle-ci : quels sont les moyens que la science possède aujourd'hui pour vérifier cette identité ? J'ai pensé que ces moyens devaient porter non-seulement sur les propriétés physiologiques et chimiques, mais encore et surtout sur la solubilité, sur les formes cristallines et sur le pouvoir rotatoire moléculaire.

Avant d'indiquer la marche que j'ai suivie dans mes expériences comparatives, je dois dire que je me suis assuré préalablement de l'état de pureté de deux substances par les moyens suivants : examen des formes cristallines, constatation de l'absence de toute matière colorante, dessication, incinération, réactions chimiques caractéristiques ; les morphines avaient d'ailleurs été extraites de leur opium par le même procédé et dans des circonstances identiques.

J'ajouterai aussi que pour éviter toute correction, et, par suite, toute cause d'erreur d'observation, j'ai opéré simultanément (autant qu'il m'a été possible de le faire), sur les deux morphines placées dans les mêmes conditions d'expérience.

Mes expériences de vérification de l'identité des morphines exotique et indigène ont porté sur les propriétés suivantes :

Formes cristallines (système cristallin, formes diverses, hémitropie, hémiédrie) ;

Pouvoir rotatoire moléculaire, correspondant au sens de l'hémiédrie ;

Propriétés physiques (couleur, éclat, transparence, dureté, fragilité, poids spécifique, solubilité dans différents liquides et à diverses températures, point de départ de l'eau de cristallisation, opacité, point de fusion, point de décomposition, sublimation, combustion) ;

Propriétés organoleptiques (saveur, degré d'amertume);

Propriétés chimiques (alcalinité, attitude en présence des réactifs, principaux sels, basicité, capacité de saturation, composition élémentaire) ;

Propriétés physiologiques (propriétés narcotiques, thérapeutiques, toxiques).

— *Formes cristallines de la morphine.*— Pour le but que je me suis proposé, la comparaison des formes cristallines de la morphine exotique à celles de la morphine indigène était d'une grande importance, car les formes constituent un des meilleurs caractères pour juger si deux substances sont identiques ou distinctes. J'ai donc étudié avec soin les figures variées que présentent les deux alcaloïdes dans diverses circonstances de solidifications et à divers degrés de pureté. J'ai suivi leurs manifestations sur les formes secondaires isolées ou maclées.

Je parlerai d'abord de la morphine pure sous la forme qu'elle revêt le plus souvent, et sous celle qui se prête le mieux à la mesure des angles et à la détermination de la figure exacte de la substance.

On sait que la morphine exotique cristallise dans le système ortho-rhombique. Les auteurs disent que cet alcaloïde se présente sous la forme d'un prisme droit à base rhombe ou rectangle, terminé par des biseaux, ou sous celle d'un octaèdre, en cristaux incolores, transparents et ordinairement très courts.

Forme prismatique. — J'ai reconnu que la morphine indigène cristallise aussi dans le même système, et que sa forme la plus fréquente est celle d'un prisme droit à base rhombe , portant des troncatures sur les arêtes aiguës du prisme. Ce qu'on n'avait pas encore remarqué, c'est que les modifications terminales en biseaux sont dissymétriques, non-seulement parce qu'elles sont inégalement développées et différemment inclinées sur les faces latérales (dissymétrie qui se présente avec beaucoup d'évidence sur la morphine impure), mais encore et surtout parce que ces facettes sont disposées, relativement aux deux extrémités du cristal, de telle sorte, qu'en les supposant prolongées, elles formeraient un tétraèdre irrégulier, leurs intersections se projetant en croix et obliquement sur la section perpendiculaire au grand axe du prisme. A ces caractères, on reconnaît *l'hémiédrie non superposable*, définie par M. Pasteur, celle qu'accompagne le pouvoir rotatoire moléculaire.

Pour reconnaître le sens de cette hémiédrie, on peut employer un procédé analogue à celui que M. Pasteur a indiqué pour les tartrates.

Imaginez un cristal ayant la forme d'un prisme droit à base hexagonale (fig. 3), posé verticalement sur une de ses bases P, et l'observateur placé parallèlement à l'une des faces M du solide cristallin ; cet observateur verra horizontalement l'arête supérieure de cette face principale. A la gauche de cette arête, il trouvera une facette *h* remplaçant l'arête correspondante ; c'est une facette hémiédrique ou tétraédrique ; il n'en verra pas de semblable à droite, en retournant le cristal bout pour bout, l'observateur verra encore une facette tétraédrique à gauche et aucune à droite.

Ordinairement les facettes tétraédriques sont développées de manière à former des biseaux et à supprimer les faces P (1).

Dans ce cas, pour reconnaître le sens de l'hémiédrie, on supposera le cristal et l'observateur placés comme il vient d'être dit ; celui-ci verra seulement à sa gauche une facette hémiédrique et en même temps l'arête du biseau se diriger de *gauche à droite* (d'arrière en avant). En retournant le cristal, il fera encore les mêmes remarques.

L'observation de la morphine exotique m'a conduit aux mêmes conséquences, relativement à la forme dissymétrique de ses cristaux et au sens de leur hémiédrie. Ainsi, j'ai constaté ce fait nouveau que la morphine indigène et la morphine exotique sont l'une et l'autre *hémièdres à gauche.*

Angles. — La ténuité des cristaux de morphine pure est une difficulté pour arriver à la détermination de

---

(1) J'ai néanmoins observé les petites facettes *h*, telle que les indique la figure précédente, sur des cristaux de morphine précipités par l'ammoniaque, de sa dissolution aqueuse dans l'acide sulfureux.

leurs angles à 2 ou 3 minutes près. Si, dans la morphine impure, les cristaux sont plus volumineux, par contre, leurs faces sont moins brillantes, moins régulières, fréquemment courbes, et ne se prêtent alors à aucune mesure.

Cependant, sur certains cristaux presque purs de morphine d'opium-œillette, il m'a été possible de déterminer les angles avec toute la précision nécessaire.

Les résultats numériques qui suivent, sont les moyennes d'observations choisies parmi les plus sûres.

En représentant par h et h' les facettes latérales correspondantes aux arêtes qui mesurent la hauteur du prisme cristallin, par p et p' les facettes terminales remplaçant la face P (base) (fig. 4), j'ai trouvé :

$$\text{Angle de } h \text{ sur } h' = 127° \ 16'$$
$$— \quad h \text{ sur } M = 116° \ 22'$$
$$— \quad p \text{ sur } h = 132° \ 22'$$
$$— \quad p \text{ sur } p' = 95° \ 16'$$
$$\text{Angle du rhombe correspondant} = 52° \ 44'$$

J'ai trouvé avec la morphine exotique des résultats presque identiques à ceux ci.

Brooke [1] a déterminé les angles des cristaux de morphine exotique sur la forme ∞ P. ∞ $\ddot{P}$ ∞. $\ddot{P}$ ∞ ; et il a donné les résultats suivants :

$$\text{Inclinaison des faces } \infty P : \infty P = 127° \ 20'$$
$$— \quad \infty P : \infty \ddot{P} \infty = 116° \ 20'$$
$$— \quad \ddot{P} \infty : \infty \dot{P} \infty = 132° \ 20'$$
$$— \quad \dot{P} \infty : \ddot{P} \infty = 95° \ 20' \ [2].$$

(1) Brooke, Annal. of philos., by Philips, VI, 118.
(2) Ces résultats ont été confirmés récemment par M. Schabus.

Nos valeurs numériques diffèrent trop peu de celles de Brooke pour qu'on ne puisse regarder la morphine exotique et la morphine indigène comme identiques sous le rapport cristallographique. D'ailleurs, l'alcaloïde de l'une et de l'autre provenance, présente à l'état impur dans la variété de ses formes, de ses macles diverses, les mêmes configurations, les mêmes groupements, les mêmes allures, les mêmes écarts, par rapport à la figure typique.

Forme tétraédrique. — Cette forme est, sans contredit, la plus remarquable sous laquelle se présente la morphine ; elle est, en même temps, la plus rare (1). Elle n'a encore été signalée, que je sache, par aucun observateur. On ne la rencontre jamais que dans la morphine brute.

Ayant eu l'idée de verser un assez grand excès d'ammoniaque dans une dissolution alcoolique concentrée d'opium-œillette, j'ai vu, avec surprise, se former instantanément un précipité très abondant, une sorte de boue épaisse, jaune verdâtre, au sein de laquelle ont pris naissance, en quelques jours, des cristaux de morphine assez volumineux, isolés, en forme de tétraèdres irréguliers (fig. 5, 6).

La même cristallisation contenait à la fois des cristaux tétraédriques bien complets, d'autres allongés et déjà déformés avec hémitropie très prononcée, puis des cristaux tétraédriques par un bout et prismatiques par

(1) Elle est très rare, en effet, dans la nature et des laboratoires. Le système sphéno-rhombique auquel elle appartient, n'en offre qu'un seul exemple naturel, l'acerdèse (oxyde de manganèse), encore est-il rare dans l'espèce et toujours subordonné. Parmi les substances artificielles, on ne peut citer aujourd'hui que les sulfates de magnésie, de zinc et de nickel.

l'autre (la première moitié, formée au-dessous du niveau de la dissolution-mère, était blanc jaunâtre, l'autre, exposée à l'air durant la cristallisation, était noire, mais diaphane) ; enfin, quelques rares cristaux complètement prismatiques, hémitropes (fig. 7).

La forme tétraédrique est essentiellement hémièdre, et sa manifestation suffit, sans autre examen, pour décider de la dissymétrie de la morphine. Mais l'irrégularité est ici doublement accusée : d'abord par la forme sphénoïde du polyèdre cristallin, et, en outre, par les facettes dissymétriques placées sur deux seulement des arêtes latérales, les deux petites, ou sur les quatre ; mais, dans ce dernier cas, deux d'entre elles sont beaucoup plus prononcées que les deux autres, et différemment inclinées sur les faces voisines. Ces facettes sont comme des vestiges des faces principales du prisme rectangulaire correspondant.

Le mode de dérivation du sphénoïde rhombique montre qu'il peut y avoir deux sortes de tétraèdres symétriques, l'un droit, l'autre gauche. J'ai cherché, mais en vain, dans mes cristaux de morphine tétraédriques, à distinguer ces deux sortes de polyèdres.

Formes diverses de la morphine impure. — Dans l'état de pureté parfaite, la morphine, comme dans toute substance cristallisable, présente les formes douées du plus haut degré de symétrie qu'elle puisse atteindre ; aussi, toutes les irrégularités qu'on rencontre dans l'alcaloïde brut ont-elles disparu ; tous les vides sont comblés, les stries et les fissures remplies, les lignes de suture et de clivage effacées, les hémitropies parfaitement dissimulées. En un mot, tous les défauts ont été cachés dans ce travail, en quelque sorte de dernière main ; la dissymétrie des cristaux élémentaires échappe aux observateurs et n'est même plus soupçonnée.

Au contraire, lorsque les cristaux de morphine ont pris naissance au sein d'une dissolution renfermant des matières étrangères qui sont venues apporter quelque trouble dans le travail de solidiftcation, ils affectent souvent des formes particulières, dissymétriques, et qui laissent voir des traces évidentes de leur structure interne.

C'est donc sur les cristaux de morphine plus ou moins impur qu'il convient d'étudier les figures variées que présente l'alcaloïde ; c'est au milieu de ces sortes d'ébauches qu'on peut *prendre*, en quelque sorte, *la nature sur le fait.*

A l'aspect de ces formes dissymétriques, parfois même bizarres, produit d'une cristallisation tourmentée, on peut suivre la marche de l'opération, le mode d'agencement des polyèdres, voir la disposition intérieure des matériaux de l'édifice cristallin ; car la nature, au milieu de la variété infinie de ses productions, semble ne s'écarter qu'à regret de la simplicité et de la symétrie dans les dispositions variées qu'elle imprime aux molécules des corps. En s'éloignant de ce type d'harmonie, de mesure et d'ordre dont elle revêt les substances dans des circonstances spéciales, elle conserve néanmoins, dans les allures tourmentées des polyèdres cristallins, des traces de cette régularité qui persiste au milieu même des plus grands écarts. C'est ce qui permet de suivre les modifications qu'éprouve la morphine en se solidifiant, de remarquer des transitions naturelles entre les formes éloignées, et de rattacher à un même type toutes les macles, quelque bizarres qu'elles paraissent.

J'ai fait sur les cristaux de morphine brute de nombreuses observations dans le but d'étudier la structure de ses formes secondaires et de ses macles si variées. Je ne relaterai ici que très sommairement les principaux résultats de ces recherches.

La morphine brute, selon la provenance de l'opium qui la fournit, suivant le mode d'extraction, suivant la nature et la température du dissolvant, suivant la présence ou l'absence de matières étrangères dans la dissolution, cristallise sous des aspects très différents les uns des autres, non-seulement par la couleur, l'éclat et la grosseur des cristaux, mais encore par leur forme et leur groupement.

Après la forme tétraèdrique, la plus remarquable sous laquelle se présente la morphine de première cristallisation est celle de longs prismes à angles rentrants, qui ne semblent formés qu'à moitié : je les ai nommés *hémiprismes* (fig. 8, 9); viennent ensuite des cristaux *palmés* ou *ripidés* (fig. 10, 11, 12, 13), groupes formés visiblement de plusieurs hémiprismes simples et présentant la forme d'éventail à demi ouvert.

J'ai observé sur le mode de groupement de ces sortes de cristaux de différentes lois que je passe sous silence.

Une autre forme cristalline de la morphine impure est celle des *cristaux tabulaires*, assez rares, toujours très petits et souvent plantés en parasites sur de plus gros (fig. 14 à 18).

Je citerai enfin les cristaux *fasciculaires* et les cristaux *lenticulaires* et d'autres très volumineux qu'on peut appeler *hastiformes*, *cunéiformes*, *foliiformes*, qui ont jusqu'à 3 centimètres de longueur et presque autant de largeur et d'épaisseur (fig. 19, 20, 21, 22).

Les *macles* de la morphine, soit indigène, soit exotique, sont, en général, aussi variées dans leurs formes que les cristaux isolés. On trouve quelquefois dans une même cristallisation des cristaux de toutes dimensions , de toutes les espèces précédemment citées, et de plus des implantations en étoiles ; j'ai vu sur un même échantillon des tablettes, des prismes hexagones implantés sur des cristaux palmés.

J'ai remarqué qu'en général les formes les plus simples (tétraèdre, prisme à base rhombe) ne se présentent que sur les cristaux impurs, et que, quand la morphine est arrivée à un état de pureté parfaite, elle revêt alors sa forme la plus complexe, celle qui offre le plus grand nombre de facettes, forme d'équilibre moléculaire qui paraît la plus stable et qui est celle du prisme à base hexagonale (non régulière).

Je passe sur une foule de particularités que j'ai observées ; je ne décrirai pas non plus les formes variées que revêt l'alcaloïde en cristallisant dans différents liquides et toutes les figures plus ou moins irrégulières, bizarres même, qu'il affecte dans des circonstances variées de température, de degré de concentration des dissolvants, etc.

Corrélation entre le l'hémitropie et l'hémiédrie. — J'ai remarqué que la majeure partie des cristaux de morphine *brute*, indigène ou exotique, sont hémitropes en même temps qu'hémièdres Tantôt cette hémitropie est très apparente, tantôt elle est difficile à constater.

En voyant ainsi l'hémitropie accompagner l'hémiédrie d'une manière permanente, quoique variée avec les circonstances de la cristallisation, on ne peut refuser à ces deux manifestation une relation de cause à effet. Mais quelle est la cause?

L'observation attentive de plusieurs centaines de cristaux de morphine m'a conduit à penser que l'hémiédrie (je n'ose dire en général) pourrait bien être due à l'hémitropie.

Ce qui m'autorise à croire à la préexistence de l'hémitropie, c'est que j'ai pu suivre, sur de nombreux
cristaux de morphine des formes de passage, des transitions qui marquent les diverses phases du phénomène et
conduisent de l'hémitropie bien caractérisée à l'*hémitropie
latente* qui constitue alors une hémiédrie sans vestiges
d'hémitropie.

On retrouve des traces d'hémitropie et d'hémiédrie,
non-seulement dans les cristaux tétraédriques, mais
encore dans les macles les plus bizarres.

Comme le phénomène atteint tous les cristaux formés
dans les mêmes circonstances et aussi dans des circonstances différentes, il ne peut être accidentel et représente
par conséquent une loi générale.

A l'appui de l'idée que j'avance sur la préexistence de
l'hémitropie comme cause déterminante de l'hémiédrie,
j'ajouterai que l'hémiédrie se manifeste le plus souvent
dans les cristaux prismatiques du système rhomboïdal;
et l'on sait que c'est aussi sur ces sortes de cristaux que
l'hémitropie est la plus fréquente.

Quant à l'hémitropie elle-même, qu'elle soit due à une
polarité des molécules cristallines, polarité préexistante
et déterminante, ou bien à une dissymétrie des types
moléculaires générateurs, dissymétrie produite par
l'arrangement des atomes, je n'aborderai pas cette question. Ce que je voulais constater ici, c'est que l'hémitropie me semble précéder l'hémiédrie et la déterminer
probablement; en tous cas, elle l'accompagne constamment dans les cristaux de morphine impure, soit indigène, soit exotique.

*Pouvoir rotatoire moléculaire de la morphine indigène
d'opium-œillette.* — La lumière, cette manifestation mys-
térieuse de la matière dans ses parties les plus ténues,

les plus mobiles, est devenue, entre les mains des cris-
tallographes, desphysiciens et des chimistes, une espèce
de sonde au moyen de laquelle ils jugent de la nature
des milieux cristallins, par les modifications qu'éprou-
vent, en les traversant, ses rayons si déliés. Elle sera
désormais un puissant auxiliaire dans la recherche des
lois qui président à la constitution intérieure des corps
cristallisés et dans la preuve de leur identité.

Les belles expériences de M. Biot, sur la polarisation
rotatoire moléculaire, rapprochées ingénieusement des
phénomènes d'hémiédrie, par M. Pasteur, ont ouvert une
voie toute nouvelle qui constitue aujourd'hui une branche
spéciale de la mécanique chimique moléculaire.

Pour étudier le mode d'apposition des parcelles extrêmement petites de la matière, il fallait recourir à un
agent du même ordre de délicatesse. La lumière remplit
cette fonction avec une facilité sans égale. Ici les
résultats du passage des rayons lumineux à travers les
corps transparents (solides ou liquides) sont immédiats
et se traduisent aux regards par des effets de coloration
assez faciles à apprécier dans certaines circonstances ;
effets qui donnent la mesure des propriétés des diverses
substances sous ce rapport.

D'un autre côté, pour étudier ces phénomènes, on
s'adresse à l'organe le plus parfait, à l'œil qui a la
faculté de s'adapter à la perception des objets placés à
des distances considérables, comme les corps célestes et
à celles des êtres qui occupent le bas de l'échelle des
grandeurs, comme aussi de saisir les nuances en nombre
infini que peuvent présenter les couleurs des objets.

Les observations du genre de celles dont nous parlons,
mettant en jeu l'agent physique le plus délicat et l'organe le plus parfait de l'homme, pour arriver à la connais-

sance de la structure intime des corps, doivent donc participer de la puissance et de la justesse des moyens employés. Les instruments, propres à traduire en nombres les résultats d'expériences, sont également très précis, comme tous ceux qui reposent sur la mesure des angles. Cet heureux concours de circonstances donne une grande portée aux conséquences déduites de l'observation des phénomènes dont il s'agit.

Après avoir constaté l'hémiédrie à gauche des morphines indigène et exotique et leur identité sous ce rapport, il était donc très intéressant de savoir si cette identité se soutiendrait sous l'influence de la lumière polarisée, épreuve que je regardais comme capitale. Aussi, j'attachais une grande importance à reconnaître si, d'une part la morphine indigène était *active*, et, de l'autre, si la déviation des deux alcaloïdes était de même grandeur et de même sens correspondant à leur hémiédrie.

M. Bouchardat, dans ses recherches sur les propriétés optiques des alcalis végétaux (1), a trouvé que la morphine exotique a sur la lumière polarisée une action très sensible et qu'elle est *lévogyre*, dans tous ses dissolvants, acides basiques ou neutres, c'est-à-dire qu'elle dévie toujours à *gauche* le plan de polarisation de la lumière polarisée qui traverse ses dissolutions.

La morphine est si peu soluble dans les dissolvants inactifs (eau, alcool, éther) à la température ordinaire, que M. Bouchardat dut, dès le début de ses recherches, recourir aux dissolvants acides ou alcalins. Il a trouvé, à la suite de nombreuses expériences, que la déviation

---

(1). Annales de chimie et de physique (3), xix, 213 (1843). Comptes-rendus de l'Académie des Sciences, xv, 621.

exercée par la morphine sur la lumière polarisée se
maintient constamment vers la gauche, bien que très
faible parfois ; que son pouvoir rotatoire atteint son
maximum , par l'emploi des acides chlorhydrique et
azotique étendus, et qu'il diminue avec les bases miné-
rales, potasse, soude, ammoniaque, par lesquelles elle
est plus ou moins altérée.

Pour éviter un travail fort long, analogue à celui de
M. Bouchardat, je me suis contenté de prendre des dissolutions semblables des deux sortes de morphine (exotique et indigène), d'après les indications données par
cet habile expérimentateur pour la morphine exotique.
Les morphines avaient été préparées , purifiées simultanément et amenées au même état de dessication avant
les pesées. J'ai soumis successivement et rapidement ces
deux dissolutions, dans deux tubes égaux, à l'essai du
polariscope, et j'ai trouvé , dans tous les cas, identité
absolue de sens et de quantité.

Il résulte de ces expériences comparatives que les
nombres, trouvés par M. Bouchardat, peuvent s'ap-
pliquer à la morphine indigène comme à la morphine
exotique. L'identité des deux morphines se trouve ainsi
établie sous le double rapport de l'hémiédrie et du
pouvoir rotatoire, La morphine est donc un exemple de
plus à ajouter aux substances dans lesquelles M. Pasteur
a reconnu la corrélation entre l'hémiédrie et le pouvoir
rotatoire moléculaire.

Propriétes physiques de la morphine indigène. — En
comparant la morphine indigène à la morphine exotique
sous le rapport de l'état de l'allure des cristaux, de leur
forme générale, de leurs dimensions, de leur couleur,
de eur transparence ou de leur opacité, de leur poli,
de ieur dureté, de leur fragilité, de l'aspect de leur

cassure, de leur poussière, de leur absence d'odeur, de l'amertume de leurs dissolutions, ainsi que sous le rapport de l'action de la chaleur, de la solubilité etc., je n'ai pas constaté de différences sensibles, ni fait de remarques qui méritent d'être signalées.

Le poids spécifique de la morphine exotique n'avait pas encore été donné, je l'ai déterminé en même temps que celui de l'alcaloïde indigène. J'ai trouvé, pour moyenne de plusieurs expériences, les résultats suivants, à la température 11°,5.

	Morphine indigène.	Morphine exotique.
Morphine en poudre . . .	1,1726	1,1718
— en cristaux . .	1,2415	1,2412
— fondue	1,2662	1,2665

Propriétés chimiques de la morphine indigène. — L'action de l'oxygène, de l'air, du phosphore, de l'iode, du chlore, du soufre, des acides iodique, sulfurique, azotique, sulfureux, chromique; des alcalis, des persels de fer, des dissolutions d'or, d'argent, de platine, des sels, etc.; a été reconnue également identique pour les deux alcaloïdes de l'une et de l'autre provenance.

L'action des acides sulfureux et sulphydrique m'a fourni des observations nouvelles. Je citerai entr'autres, les résultats suivants; l'effet de l'acide sulfureux sur la morphine présente trois phases distinctes :

Avec grand excès de base........ coloration jaune;
Avec léger excès d'acide........ dissolution incolore;
Neutre ou avec excès de base... solution rose pâle.
Le sel neutre cristallise difficilement.

Un courant de *gaz acide sulphydrique* dissout la morphine en suspension dans l'eau ; mais s'il y a combinaison, elle est fort instable, les aiguilles jaunes qui se forment bientôt à la surface du liquide exposé à l'air, ne sont que de la morphine.

J'ai observé que l'action de *l'acide azotique* sur la morphine était modifiée très sensiblement par la présence de certains acides, de certains sels ; l'acide sulfurique mis en petite quantité, active cette action, la ralentit quand il est en excès, tandis qu'avec les chlorures la morphine ne fait que blanchir sous l'influence de l'acide azotique.

J'ai découvert une action remarquable de *l'acide chromique* sur la morphine. L'alcaloïde est décomposé par l'acide même à froid, pour peu que les dissolutions soient concentrées. En triturant à sec de l'acide chromique et de la morphine (une partie de l'une et une ou deux de l'autre,) le mélange devient brun marron violacé ; et si l'opération est faite vivement dans un verre conique avec une baguette de verre, il arrive un moment où il se produit une inflammation subite ; une partie de la matière est même projetée hors du vase. Le résidu de cette vive diflagration est en grande partie du sesquioxyde de chrome, vert, insoluble ; on peut provoquer l'inflammation à l'aide d'un corps en ignition, le résultat est le même. Cette réaction vive entre deux corps solides est assez remarquable.

Je passe sous silence les quelques observations que j'ai pu faire à l'occasion de l'acide pyroligneux, de l'acide carbonique et de la potasse.

— Je ne puis entrer dans le détail de l'analyse comparative des deux morphines, je ne ferai que rapporter les résultats définitifs.

		Morphine indigène.	Morphine exotique.
	Carbone.....	72 02	71 76
Composition en centièmes	Hydrogène...	6 78	6 82
	Azote.......	4 89	4 91
	Oxygène.....	16 31	16 51
		100 »»	100 »»

Résultats qui correspondent à la formule commune.

$$C^{34} H^{19} Az O^6$$

Le dosage de l'eau de cristallisation correspondait à 2 H 0, dans les deux cas.

Sels de morphine. — On connaît une trentaine de sels de morphine. Pour les deux tiers d'entre eux, on ignore la composition ; plusieurs sont incristallisables. Le valérate est le seul dont les angles aient été mesurés approximativement, dont la forme cristalline soit déterminée. Pour les autres, on sait seulement qu'ils cristallisent en aigrettes, en houppes soyeuses, en aiguilles plus ou moins déliées, en prismes courts ou alongés ou en mamelons.

J'ai préparé, avec l'alcaloïde indigène, les principaux d'entre eux : le chlorhydrate, le sulfate, le tartrate acide, l'azotate, l'acétate, le méconate. J'ai fait l'analyse des trois premiers et étudié leurs propriétés, comparativement à celles des composés correspondants, formés avec la morphine exotique. Comme j'ai trouvé partout identité complète, je ne mentionnerai que les observations nouvelles qui peuvent présenter quelque intérêt au point de vue scientifique.

M. Arppe a dit (1) que les cristaux du *tartrate acide de*

(1). M. Arppe, Journ. f. pra,, chem. LIII, 331.

3

morphine se présentent en longs prismes rectangu-
laires, aplatis et groupés en faisceaux. J'ai trouvé qu'ils
avaient la forme du prisme oblique à base rectangle,
avec les modifications sur les arêtes correspondantes
aux angles aigus du prisme. De plus les arêtes ver-
ticales sont remplacées par des facettes dissymétri-
quement développées, soit à une des extrémités du cristal, soit aux deux, irrégularité qui, à elle seule, d'après
M. Pasteur, constitue une hémiédrie.

Les figures 23, *a*, *b*, *c*, représentent des formes cristallines diverses, observées sur le tartrate de morphine.

Les figures 24, *a*, *b*, *c*, représentent des sections de
quelques-uns de ces cristaux ; la figure 24, *c*, correspond
à la figure 23, *c*.

Les faces et facettes de ces cristaux sont ordinairement
gauches ou courbes, quoique assez brillantes. Jusqu'ici,
je n'en ai pas encore rencontré qui se prêtassent à la
mesure des angles.

Ces observations s'appliquent au tartrate de morphine
indigène, comme au tartrate de morphine exotique.

Une cristallisation de *chlorhydrate de morphine* dans
l'eau s'est présentée en longs prismes droits plus gros
qu'à l'ordinaire (un demi-millimètre d'épaisseur sur 25
à 30 de longueur) ; en les examinant en coupe transver-
sale, je distinguais facilement la forme rhomboïdale ou
rectangle, quelquefois trapézoïde de la projection de ces
prismes. Les extrémités, quand elles étaient libres à
paraissaient nettement découpées. Je n'y ai vu de biseau
que dans un seul cristal.

De l'action de l'acide sulfureux sur la morphine résul-
terait un *sulfate acide* (en cristaux souvent blancs,
quoique la dissolution soit jaune d'ambre), ou un *sulfate
neutre* coloré en rose, selon la prédominance de l'acide,
ou de la base.

Les critaux de ces derniers sels sont moins déliés que ceux des sulfates obtenus directement par l'action de l'acide sulfurique sur l'alcaloïde. Les premiers sont ordinairement en aiguilles rayonnant d'un centre, quelquefois ils affectent la forme fibreuse du chlorhydrate d'ammoniaque. On y rencontre aussi des lames trapézoïdes, rayées dans toute leur longueur. Le sulfate rose offre des prismes hexagones avec biseaux comme la morphine.

Analyse de quelques sels de morphine indigène. — Une épreuve à laquelle j'ai dû soumettre la morphine indigène avant de me prononcer sur son identité avec la morphine exotique, fut de déterminer la composition des sels qu'elle forme, sinon avec tous les acides auxquels elle se combine, du moins avec les principaux. J'ai choisi pour cela des sels formés avec un hydracide, ou un oxacide minéral, ou un sel organique, et parmi ceux-ci les sels dont la composition est la plus stable, la mieux établie : le chlorhydrate, le sulfate neutre et le tartrate acide.

Pour éliminer les causes d'erreur, éviter les corrections, j'ai opéré simultanément, dans les mêmes conditions, sur un sel de morphine exotique et sur un sel de morphine indigène de même dénomination. Ici encore, identité complète.

SELS NOUVEAUX DE MORPHINE.

Après avoir vérifié l'identité de la morphine indigène et de la morphine exotique sur les sels connus, j'ai cherché à réaliser quelques composés nouveaux, afin de poursuivre encore sur eux la constatation de cette identité. A cet effet, j'ai mis successivement en présence de la morphine plus de cinquante substances, acides, basiques, neutres ou salines. Je ne présenterai ici que les principaux résultats auxquels je me suis arrêté dans cette étude, me proposant de revenir plus tard sur ce sujet.

Tous les acides dissolvent la morphine avec plus ou moins de facilité dans les circonstances ordinaires de température et de pression ; mais tous ne se combinent pas avec elle dans des conditions identiques. Cette combinaison dépend de la nature du dissolvant, du degré de concentration du liquide, de la température. Ainsi elle se combine à froid avec certains acides, à chaud seulement avec d'autres et dans tel dissolvant ; quelquefois il faut amener le mélange à siccité pour arriver à la formation du sel. D'autres fois la combinaison est instable. Enfin, il est des cas où l'action directe est trop vive, et les deux composants changent de nature. Il faut alors avoir recours à la double décomposition, à l'état naissant.

1° *Oxalate de morphine.* — La combinaison de l'acide oxalique avec la morphine ne paraît pas avoir lieu, même après neutralisation, dans l'eau bouillante. Mais en concentrant, ou mieux en réduisant à siccité la dissolution, reprenant par l'eau le résidu et abandonnant à évaporation spontanée, on voit bientôt cristalliser en masses rayonnées homogènes et parfaitement neutres ; c'est l'oxalate de morphine.

Formes cristallines. — Ce sel cristallise dans le système ortho-rhombique. On trouve sa forme simple, le prisme droit à base rhombe, dans l'oxalate impur ; les bases sont terminées par des biseaux portant sur les angles aigus ; alors les faces ont une courbure manifeste vers les arêtes obtuses ; phénomène qui annonce l'existence de facettes latentes très inclinées entre elles. En effet, dans le sel pur on rencontre la forme prismatique à base octogonale (non régulière, bien entendu) dérivant de la figure précé-

dente par des troncatures symétriques sur les quatre
arêtes. Les biseaux ont ici la disposition qui rappelle
celle qu'ils avaient dans le prisme à base rhombe. On
voit aussi des formes de transition entre ces deux
extrêmes.

Les cristaux d'oxalate purs sont microscopiques et
implantés par une extrémité dans la rosace cristalline
toujours très volumineuse. Pour les avoir libres et assez
gros, il suffit de soumettre le sel à une température
capable de déterminer dans sa masse un commencement
de décomposition.

En reprenant par l'eau le résidu coloré en rose brun,
on a une dissolution rose ou rouge foncé, selon l'état
plus ou moins avancé de la décomposition, liquide qui
donne, par évaporation spontanée, de beaux prismes
également roses ou rouges presque noirs, à base octogonale ou hexagonale ; ces cristaux assez gros, striés
quelquefois profondément dans le sens de leur longueur,
sont ordinairement assez transparents pour qu'on puisse
voir, même à l'œil nu, leur structure interne (fig. 25)
analogue à celle des cristaux de morphine ; analogie qui
permet de croire que la forme primitive de l'oxalate est
celle du tétraèdre dissymétrique. Cependant je n'ai pu
constater jusqu'ici d'hémiédrie dans ce sel.

On trouve dans les cristaux microscopiques du sel
rose une forme intermédiaire entre le tétraèdre et l'octaèdre, et un groupe qu'on peut appeler *pectiniforme*.

Angles. — Il est difficile de rencontrer des cristaux
d'oxalate de morphine qui se prêtent à la détermination
exacte des angles, car les faces ou les facettes, quoique
brillantes, sont généralement striées dans le sens de
leur longueur, ou courbes. Néanmoins, après avoir passé
en revue un grand nombre de cristaux, j'en ai rencontré

ayant des faces assez nettes qui m'ont donné, pour résultats de diverses mesures, les moyennes suivantes que je crois approchées à 3 ou 4 minutes près (fig. 26).

$$p : M = 113° 20'$$
$$p : p' = 133 \ 20'$$
$$M : M' = \ 90$$
$$m : M = 119 \ 04$$
$$m : M' = 150 \ 56$$

Angle du rhombe correspondant : 58° 08'

Propriétés. — Ce sel, doué d'assez d'éclat et de transparence est d'une teinte jaune pâle à la première cristallisation ; il devient, à la seconde, incolore et diaphane. Il est friable, sans odeur, d'une amertume très forte.

Les cristaux d'oxalate de morphine blanchissent dans l'alcool où ils se déshydratent sans se dissoudre sensiblement, même à chaud. 100 parties d'eau à la température 12° dissolvent 4,6175 parties de ce sel ; ou, ce qui revient au même, pour dissoudre une partie de ce sel, il faut 21,6559 parties d'eau à 12°.

L'oxalate de morphine est soluble à froid dans la potasse, insoluble dans l'ammoniaque où ses cristaux blanchissent promptement.

Le poids spécifique de ce sel, à la température 15°, est 1,2865.

En chauffant l'oxalate de morphine, il blanchit d'abord, puis commence à jaunir à partir de 105°. Il ne décrépite pas, comme le fait la morphine ; mais il fond comme elle, noircit, répand des fumées abondantes et brûle rapidement. Son charbon, assez volumineux, ne laisse pas de résidu.

Ce sel est neutre, inaltérable à l'air. Il jouit de toutes les propriétés des sels de morphine connus.

La *composition* de l'oxalate neutre de morphine indigène est :

	Expérience.	Calcul.
Morphine	83,96	84,07
Acide oxalique . . .	10,31	10,63
Eau	5,73	5,30
	100,00	100,00

Nombres qui correspondent à la formule :

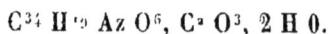

$$C^{34} H^{19} Az O^6, C^2 O^3, 2 H O.$$

Dans les mêmes conditions, l'oxalate de morphine
exotique m'a donné :

Morphine	83,87
Acide oxalique	10,49
Eau	5,64
	100,00

2° *Lactate de morphine.* — Le lactate de morphine paraît
être le plus remarquable jusqu'à présent, des sels de
morphine, tant par la limpidité, l'éclat, la netteté, la
grosseur de ses cristaux (qui ne le cèdent, sous ce rapport, qu'à ceux du valérate et du butyrate ; encore ceux-
ci sont-ils gras ou efflorescents) que par son inaltérabilité
à l'air, sa solubilité et ses propriétés physiologiques qui,
par l'acide comme par la base, peuvent être utilisées en
thérapeutique.

Préparation.—Il est difficile de saturer à froid la dissolution aqueuse d'acide lactique même avec grand excès
de morphine et en agitant fréquemment le liquide. La
dissolution peu concentrée qui en résulte prend une
teinte chamois qui tire sur le rose et le rouge par exposition prolongée à l'air libre. Il est probable que dans
cette condition il n'entre en combinaison qu'une faible
quantité de morphine.

Mais si l'on opère à chaud, on obtient promptement la neutralisation. Il convient ici d'ajouter peu à peu la morphine en poudre à la dissolution aqueuse d'acide lactique, et *non de verser l'acide sur un excès d'alcaloïde ;* car, dans le premier cas, la liqueur reste incolore ou d'un jaune serin très pâle, tandis que, dans le second, elle prend une teinte rose d'abord, qui rougit puis brunit de plus en plus, et donne des cristaux très colorés. En maintenant, au contraire, l'excès d'acide et conduisant l'opération rapidement, à feu nu, la dissolution est presque incolore quand on arrive à la saturation.

En abandonnant la dissolution saline à évaporation spontanée, à l'air libre, sa teinte se fonce toujours, dans le deuxième cas surtout. Il est préférable d'évaporer dans le vide sec.

Un excès d'acide nuit plus à la cristallisation qu'un excès de base ; mais c'est à l'état de neutralité parfaite que la solidification donne les plus beaux cristaux et le plus rapidement, si toutefois la concentration est convenable. Ce sel cristallise mal dans l'alcool.

Formes cristallines. — Le lactate de morphine cristallise dans le système du prisme oblique à base rectangle (ou prisme droit à base parallélogramme). Sa forme simple se rencontre assez fréquemment dans le sel pur. En général, ses cristaux portent des modifications symétriques, principalement sur les arêtes latérales G (fig. 27), et souvent en même temps sur les arêtes B, moins fréquemment sur les arêtes C, mais jamais sur les petites arêtes inclinées D. Les angles obtus A sont fréquemment tronqués par une petite facette *a* (fig. 28) ; en sorte que le cristal complet a 18 faces ou facettes. Il est très rare de les rencontrer toutes réunies sur le même individu ; d'ailleurs, les cristaux sont ordinairement groupés et une de leurs extrémités est cachée.

Relativement à la dissymétrie de ce sel, la seul irrégularité observée, mais fréquente, est le développement très étendu (quelquefois au point de faire disparaître la face T) de la facette g de droite; dissymétrie qui, à elle seule, constitue, selon M. Pasteur, une véritable hémiédrie.

Angles. — Les faces T sont souvent striées, mais les facettes sont généralement planes et brillantes. Les angles des cristaux ont pu être déterminés avec précision.

$$b : P = 135° \ 40'$$
$$b : M = 140 \ 28$$
$$P : M = 96 \ 08$$
$$P : M' \text{ (par-derrière)} = 83 \ 52$$
$$c : P = 128 \ 46$$
$$c : M = 135 \ 06$$
$$g : M = 132 \ 04$$
$$g : T = 137 \ 56$$
$$M : T = 90$$
$$a : P = 137 \ 15$$
$$a : g = 135 \ 15$$
$$a : T = 129 \ 08$$
$$a : M = 152 \ 24$$

Clivages parallèles aux facettes a et b et à la face T.

Dans le sel impur, les facettes a sont très développées et les faces T se réduisent alors à de très petits et très étroits parallélogrammes ; souvent même ces faces disparaissent.

Le lactate de morphine se présente ordinairement en cristaux tabulaires assez minces ; quelquefois en prismes épais ou en aiguilles alongées (dans les eaux-mères étendues).

Propriétés organoleptiques et physiques. — Le lactate de morphine pur est incolore, le sel impur est blond ou brun, plus ou moins foncé, et quelquefois d'une teinte légèrement violette. Il est sans odeur, d'une saveur dont l'amertume ne le cède en rien à celle des composés morphiques les plus solubles parmi ceux que l'on connaît. Il est très vénéneux, eu égard à sa solubilité propre et à celle que lui donne l'acide lactique normal de l'estomac. Ses cristaux sont rudes au toucher, plus anguleux que ceux de morphine ; ils sont friables aussi et donnent également une poussière blanche. Leur poids spécifique est 1,3574.

La dissolution aqueuse de lactate de morphine peut être amenée par la chaleur à consistance de sirop très épais. Dans cet état, le sel file sous la baguette de verre, durcit par refroidissement et devient cassant. Si l'on chauffe le résidu solide jusqu'à ce qu'il dégage quelques fumées, indice d'un commencement de décomposition, il exhale en même temps une odeur très sensible de caramel, ce qui n'a rien d'étonnant, l'acide lactique ayant la même composition que le sucre.

Sous l'influence de la chaleur, le lactate de morphine cristallisé décrépite un peu, ne blanchit pas comme le fait l'alcaloïde, reste agglutiné comme à demi-fondu depuis 100° à 155°, fume et fond en un liquide jaune rougeâtre très fluide. Pendant la fusion, il dégage d'abondantes vapeurs ayant une odeur forte de matière organique brûlée ; en continuant à chauffer le sel, il en résulte un charbon qui n'est pas très volumineux et qui brûle sans résidu.

Solubilité. — Une dissolution aqueuse de lactate de morphine obtenue après un contact de vingt-quatre heures, à une température qui n'a pas varié de 13°,1 à 13°,7, contenait, sur 9ᵍʳ,8495 de liquide, 0ᵍʳ,7403 de sel desséché à 100° ou 10,8080 pour cent.

Ce sel est soluble en toutes proportions dans l'eau

bouillante, beaucoup moins dans l'alcool, extrèmement peu dans l'éther à chaud, et à peu près insoluble dans le liquide à froid ainsi que dans le chloroforme et l'huile d'olive.

Il est soluble dans les acides ainsi que dans la potasse, et insoluble dans l'ammoniaque ; ses cristaux blanchissent promptement au contact de cet alcali.

Ce sel est neutre, inaltérable à l'air et jouit de toutes les propriétés communes aux sels de cette base.

Analyse. — Le dosage directe de l'acide dans le lactate de morphine étant très difficile, eu égard à l'incomplète insolubilité des composés dans lesquels on peut engager cet acide, j'ai déterminé, d'abord, l'eau de cristallisation, puis la morphine, en précipitant celle-ci par l'ammoniaque. La quantité d'acide a été calculée par différence.

J'ai trouvé ainsi, que : 1 gramme de cristaux purs de lactate de morphine desséché à 60°, contient :

Morphine	0,7721
Acide lactique	0,2024
Eau de cristallisation qu'il perd à 100°.	0,0255
	1,0000

Ces nombres correspondent à la formule :

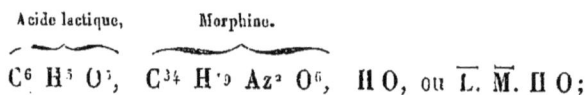

Acide lactique,   Morphine.

$$C^6 H^5 O^5, \quad C^{34} H^{19} Az^2 O^6, \quad HO, \text{ ou } \overline{L}. \overline{M}. HO;$$

Car on a, pour 100 de ce sel :

	Calcul.	Expérience.
Morphine	76,00	77,21
Acide lactique	21,60	20,24
Eau	2,40	2,55
	100,00	100,00

J'ai fait plusieurs expériences par voie analytique et

par voie synthétique pour déterminer directement l'acide lactique de ce sel, aucune ne m'a donné des résultats aussi concordants avec la théorie que celle qui précède.

3° *Butyrate de morphine.* — La préparation de ce sel en dissolution aqueuse se fait à chaud, au bain-marie, et n'exige pas les mêmes précautions que celle du lactate pour éviter la coloration du liquide. Néanmoins la dissolution, par son exposition à l'air, ne reste pas, quoi qu'on fasse, parfaitement incolore, et les cristaux résultants sont toujours d'une nuance blonde pâle à la première cristallisation et exhalent une forme odeur d'acide butyrique.

Pour avoir des cristaux volumineux, il convient d'opérer sur 15 ou 20 grammes de morphine, et d'amener la dissolution dans un état de concentration telle, que la cristallisation ne commence pas avant deux ou trois jours. Les cristaux, pris isolément, ont alors un volume qui va jusqu'à deux centimètres cubes. Dès qu'ils ne sont plus en contact avec l'eau-mère (qui est brun-rougeâtre), ils se ternissent et même s'effleurissent bientôt lorsqu'ils sont abandonnés à l'air sec par une température de 10 à 12°, ou même inférieure. On les conserve dans l'eau-mère ou dans l'essence de térébenthine.

Formes cristallines. — Le butyrate de morphine cristallise dans le système ortho-rhombique. Sa forme simple, le tétraèdre irrégulier, se trouve dans toutes les cristallisations de ce sel. Ce tétraèdre porte à chaque sommet un pointement formé par trois facettes très petites et inégales (fig. 29). Les angles dièdres correspondants aux six arêtes principales sont égaux deux à deux et ont pour valeurs numériques :

$$\alpha : \beta \; = \; \alpha' : \beta' \; = \; 96° \; 50'$$
$$\alpha : \beta' \; = \; \alpha' : \beta \; = \; 64 \quad 20$$
$$\alpha : \alpha' \; = \; \beta : \beta' \; = \; 48 \quad 12 \; (^1).$$

Quant aux angles des facettes entre elles et avec les faces du tétraèdre, nous le retrouverons plus loin dans la forme prismatique où elles sont très développées et facilement reconnaissables.

Lorsque le cristal repose sur l'une de ses faces placée horizontalement, et que l'arête de cette base correspondante au plus grand angle dièdre est amenée en avant et parallèlement au corps de l'observateur, celui-ci verra de la manière suivante les trois facettes du pointement au sommet de la pyramide : la facette située à sa gauche est la plus développée, celle de droite a moins d'étendue, et la supérieure est relativement très petite et souvent absente.

Le tétraèdre étant une forme essentiellement hémiédrique, le butyrate de morphine est donc hémièdre.

Une autre forme assez fréquente du butyrate de morphine est celle du prisme droit à base rhombe (fig. 30), portant deux troncatures tangentes sur chacune des arêtes aiguës du prisme (conséquemment la section droite est un octogone symétrique non régulier). Chaque base est surmontée d'un pointement dissymétrique, formé par deux modifications, m, m', généralement peu développées et par deux facettes tétraédriques h, h', ayant au contraire beaucoup d'étendue. Ces dernières

---

(1) Ces mesures ne sont qu'approximatives, car les cristaux de butyrate de morphine étant ternes et gras, ne se prêtent pas à la détermination exacte à une minute près de leurs angles dièdres. Néanmoins, en appliquant de petites lamelles de gypse (à l'aide de l'essence de térébenthine) sur les faces de ces cristaux, j'ai pu arriver, je pense, à une assez grande précision.

portent sus les arêtes terminales opposées de deux des
faces principales. De plus, elles sont aux deux extrémités , dans des positions alternes relativement aux
faces principales du cristal. Les biseaux qu'elles forment
se projettent en croix et obliquement sur la section
perpendiculaire au grand axe, et ces facettes prolongées
formeraient le tétraèdre irrégulier que j'ai décrit précédemment. Cette forme est donc hémièdre. Le sens de
cette hémiédrie, facile à fixer, est le même que celui de
la morphine.

Angles. — Nous retrouvons dans la forme prismatique,
outre les angles des faces du tétraèdre précédent, les
inclinaisons des facettes qui en formaient les pointements, celles-ci étant (à part les modifications m, m'),
les pans du prisme ou ses troncatures.

$$M : M' = 105° \ 20' \text{ angle du rhombe.}$$
$$g : M = 160 \ \ 52$$
$$h : M = h' : M' = 132 \ \ 05$$
$$h : h' = \ \ 96 \ \ 50$$
$$m : h = m' : h' = 155 \ \ 38$$
$$m : M' = 114 \ \ 30 \ ?$$
$$g \ \ : g' = 112 \ \ 56$$

On trouve quelquefois parmi les prnduits cristallisés,
des prismes très courts, transitions naturelles entre la
forme tétraédrique et la forme prismatique , où l'on
distingue encore les pans et les tronctatures qui forment
les pointements du tétraèdre quand les biseaux se rap-
prochent au point de faire disparaître les faces latérales.

J'ai aussi observé, mais très rarement, et seulement
.sur des cristaux très petits, la forme octaédrique à base
rhombe avec modifications sur les sommets aigus de la
base, modifications qui sont les traces de facettes existant
sur la forme prismatique (fig. 31). Cet octaèdre présente,

au lieu des deux sommets aux extrémités de l'axe perpendiculaire à la base, deux arêtes culminantes, ce qui donne au cristal la disposition cunéiforme assez fréquente en général dans ce genre de cristaux. De plus, ces deux arêtes sont placées en sens inverse l'une et l'autre, de telle sorte que les facettes qui les déterminent formeraient, en les supposant prolongées le tétraèdre décrit précédemment.

Clivages. — J'ai vu souvent des prismes de butyrate de morphine, qui paraissaient homogènes et solides, se diviser au moindre choc, à une légère pression, en plusieurs fragments suivant l'arête du biseau ou celle des deux autres modifications de la base, arêtes qui n'offraient auparavant aucun indice de ligne de suture. J'ai vu aussi, perpendiculairement au grand axe du cristal prismatique et aux faces tétraédriques, des fissures accusant la direction d'autres clivages plus nets que le précédent.

Propriétés. — J'ai dit que les cristaux de butyrate de morphine exhalent l'odeur de l'acide et sont efflorescents. Cette efflorence est de la morphine ou un sous-sel insoluble dans l'eau.

Les cristaux de butyrate de morphine, chauffés sur une lame de platine, ne décrépitent pas, fondent bientôt dans leur eau de cristallisation sans brunir. En continuant de chauffer, le sel se dessèche, blanchit, répand des vapeurs de plus en plus abondantes d'acide butyrique, prend une teinte jaunâtre et éprouve la fusion ignée.

Le poids spécique du butyrate de morphine, à la température de 13°, est 1,2153.

100 parties d'eau à 12°, 5 dissolvent 13,882 parties de ce sel. L'alcool froid le dissout assez bien.

Le butyrate de morphine est parfaitement neutre aux réactifs colorés.

Analyse. — Ce sel étant facilement décomposable par la chaleur, même à une température inférieure à 100°, il n'est pas possible de déterminer directement, avec exactitude, son eau de cristallisation. D'un autre côté, comme on ne connaît pas de butyrate parfaitement insoluble, on ne peut doser directement l'acide. On en est réduit à précipiter la morphine de ce sel par l'ammoniaque et à rechercher la formule qui rend le mieux compte du résultat expérimental.

$0^{gr},6440$ de ce sel desséché à 60° ont donné ainsi $0^{gr},434$ de morphine sèche. Ce chiffre correspond bien à la formule :

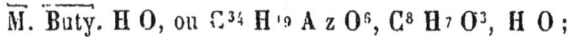

$\overline{\text{M. Buty.}}$ H O, ou C^{34} H^{19} A z O^6, C^8 H^7 O^3, H O ;

car, dans cette hypothèse, la théorie donne pour le même poids de ce sel 0,432 de morphine. Ainsi, la composition du butyrate de morphine est :

				Théorie.	Expérience.
Morphine.	: C^{34} H^{19} A z O^6	$=$	3562,5	65,32	66,98
Acide butyrique :	C^8 H^7 O^3	$=$	1779,0	32,62	»
Eau,	: H O	$=$	112,5	2,06	»
			5454,0	100,00	

— J'ai trouvé plusieurs autres sels de morphine dont j'ai étudié les propriétés, je ne relaterai ici que leur mode de préparation et quelques particularités.

4° *Chromate neutre.* — On obtient ce sel par double décomposition, en mêlant à froid, des dissolutions aqueuses, l'une de chromate neutre de potasse et l'autre d'un sel neutre de morphine. Pour peu que les dissolutions soient concentrées , on voit se former, au bout de quelques minutes, des houppes cristallines d'un beau jaune citron.

5° *Bichromate*. — Quand on verse une dissolution concentré de bichromate de potasse dans une dissolution concentrée d'un sel de morphine, il y a précipité immédiat et amorphe.

6° *Emétique de morphine*. — Ce sel s'obtient en ajoutant au tartrate acide de morphine en dissolution aqueuse de l'oxyde, du chlorure ou de l'oxychlorure d'antimoine. Faisant bouillir, filtrant et abandonnant le liquide à évaporation spontanée, il se dépose au bout de quelques jours des cristaux mamelonnés d'émétique de morphine. Il sont de couleur rose clair ; extrêmement peu solubles dans l'eau froide, solubles dans l'eau chaude, et se décomposant à l'ébullition prolongée du liquide, comme cela arrive à plusieurs autres émétiques.

7° *Malate de morphine*. — La morphine est très soluble dans l'acide malique. On peut amener la dissolution neutre jusqu'à consistance sirupeuse sans qu'il y ait cristallisation.

En opérant par double décomposition du bimalate de baryte et du sulfate de morphine, j'ai obtenu des cristaux presque insolubles dans l'alcool.

8° *Mucate de morphine*. — L'acide mucique est peu soluble dans l'eau même à chaud, la morphine l'est à peine ; et cependant, chose remarquable, quand les deux substances se trouve ensemble dans l'eau chaude elles se dissolvent mutuellement avec facilité. La dissolution neutre abandonnée à évaporation ne donne pas de cristaux, elle durcit et reste brillante comme un vernis.

9° et 10° *Citrate* et *Camphorate de morphine*. — Une dissolution aqueuse d'acide citrique neutralisée par la mor- une dissolution alcoolique d'acide camphorique saturée phine ou par l'alcaloïde, donnent par évaporation des vernis brillants, sans trace de cristallisation.

11° et 12° Le *gummate de morphine* et le *gummate double de chaux et de morphine* sont également incristallisables et ont les caractères des gommes, solubilité dans l'eau et insolubilité dans l'alcool.

13° Je me suis occupé aussi du benzoate, du stéarate, du margarate et de plusieurs autres sels de morphine sur l'étude desquels je me propose de revenir, ainsi que sur les dérivés de cet alcaloïde.

—De l'ensemble des résultats contenus dans ce travail, je crois pouvoir conclure l'identité complète de la morphine extraite de l'opium du pavot noir (œillette), avec la morphine que donne l'opium du pavot blanc exotique.

Si, d'un côté, j'ai le regret de n'avoir pas eu à constater entre ces alcaloïdes de sources distinctes, des différences qui eussent été très intéressantes sous le rapport théorique, de l'autre, je suis heureux de voir que la morphine indigène, jouissant des mêmes propriétés que la morphique exotique, peut facilement remplacer cette dernière.

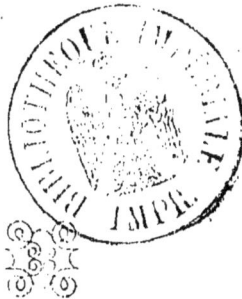

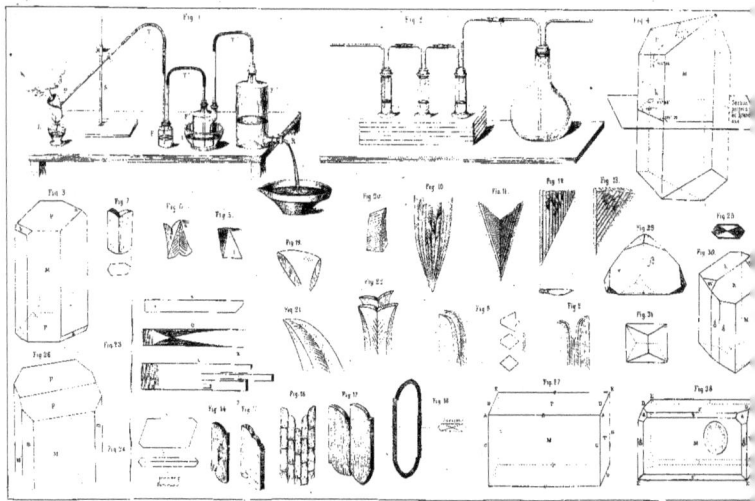

240

www.ingramcontent.com/pod-product-compliance
Lightning Source LLC
Chambersburg PA
CBHW050542210326
41520CB00012B/2677